GISEMENT

DES CÔTES DE FRANCE,

DE POINTE EN POINTE,

DEPUIS BAYONNE JUSQU'A DUNKERQUE,

DE TOUTES LES CÔTES D'ESPAGNE ET DE PORTUGAL,

DEPUIS BAYONNE JUSQU'A COLLIOURE,

ET DES CÔTES DE FRANCE,

DE COLLIOURE A TOULON;

PAR V. BAGAY,

PROFESSEUR D'HYDROGRAPHIE.

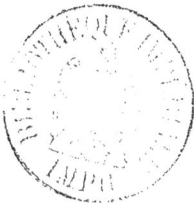

PARIS,

DE L'IMPRIMERIE D'AUGUSTE DELALAIN,

LIBRAIRE-ÉDITEUR, RUE DES MATHURINS-SAINT-JACQUES, N° 5.

M DCCC XXXII.

Toute contrefaçon de cet Ouvrage sera poursuivie conformément aux lois.

Toutes mes Editions sont revêtues de ma griffe.

Auguste Delalain

PREMIÈRE PARTIE.
GISEMENT DES CÔTES
DEPUIS BAYONNE JUSQU'A DUNKERQUE.

N°. 1. Comment reconnaît-on Bayonne ?
On le reconnaît par le village de Béars, situé sur une montagne, et dont les maisons paraissent blanches ; on le reconnaît encore par le grand bois du Bocaux, et par la tour où l'on fait les signaux pour l'entrée des bâtimens.

N°. 2. — Pour entrer à Bayonne, on espère un peu avant la pleine mer ; ensuite on vient attaquer la barre, on gouverne sur la tour des Pilotes et on manœuvre du côté où incline le pavillon : on continue ainsi jusqu'en dedans de la barre.

N°. 3. — Quelle est la route de Bayonne à Arcasson et quels en sont les dangers ?
La route est le N. N. E. du compas ; la distance est de 22 lieues : les dangers sont la côte et les bancs d'Arcasson.
Comment reconnaît-on l'entrée d'Arcasson ?
Par la terre du Sud, qui est montagneuse, sur laquelle il y a beaucoup d'arbres, et par celle du Nord, qui est plate et sans arbres.

N°. 4. — Pour entrer à Arcasson, on gouverne sur le fort qui est sur la côte du Sud de l'entrée, jusqu'à ce que les deux balises soient l'une par l'autre ; on gouverne sur ces marques jusqu'en dedans, en rangeant l'ex-côte du Sud, et on va mouiller sous la montagne d'Arcasson.

N°. 5. — D'Arcasson à la rivière de Bordeaux, la route est le N. N. E. et le N. E. ¼ N. : la distance est de 19 lieues ; les dangers sont la côte et les botures de Cordouan : brassiages, 30 et 35 brasses
La route de Bayonne à la rivière de Bordeaux est le N. N. E. et le N. E. ¼ N. du compas ; les dangers sont les bancs d'Arcasson et la côte : le brassiage est de 30 et 35 brasses.

N°. 6. — Quelles sont les marques pour entrer en rivière de Bordeaux par la passe de Grave ?
Pour cela on prend connaissance des deux tours de Soulagues, que l'on tient l'une par l'autre jusqu'à ce que la tour de Royan vienne par celle du Chay, alors on est paré des Chévriers qui restent à babord, et des Olives qui restent à tribord ; on gouverne sur ces marques jusqu'à la pointe du Verdon, à laquelle on donne un peu de détour, et on entre en rivière de Bordeaux. La route par la Grave est l'E. N. E. du compas ; la distance des Olives à la pointe du Verdon est de 10 milles : le brassiage est de 3 et 4 brasses.

N°. 7. — Quelles sont les marques pour entrer par le demi-banc.
Pour cela on tient la tour de Cordouan an S. S. E, jusqu'à ce qu'on ait 9 à 10 brasses fond de sable ; alors on est paré du grand banc, et on gouverne

1

à l'E. S. E. du compas, jusqu'à Terre-Neigre, et on pare la Mauvaise qui reste à tribord, les Ânes et le grand banc à babord, et la terre Anglaise; on gouverne au S. S. E. jusqu'à Royan, et on donne en rivière de Bordeaux. La route du bout d'un banc à Royan est l'E. S. E. et S. S. E.; la distance est de 5 lieues : brassiage, 7 à 8 brasses.

N°. 8. — Quelles sont les marques pour entrer à Maumusson ?

Pour cela on vient prendre connaissance de la tour de Marennes, ensuite on espère un peu avant la pleine mer et on gouverne sur la batterie qui est au sud de l'entrée, jusqu'à ce que les deux balises qui sont à babord de l'entrée, soient l'une par l'autre; on gouverne sur ces dernières marques jusqu'en dedans et on va mouiller à Saint-Argan.

N°. 9. — De la rivière de Bordeaux à Maumusson, la route est E. N. E. du compas; la distance de 3 ou 4 lieues : brassiage, 5 à 6 brasses.

De l'entrée de la rivière de Bordeaux au pertuis d'Antioche, la route et les dangers qu'on a à éviter sont les platures de Bucheron et la Chaudronnerie, qu'il ne faut pas ranger à plus de 9 à 10 brasses fond de sable, environ 3 lieues de terre : on trouve 24 brasses de fond de petit gravier. La route est le N. $\frac{1}{4}$ N. E.; la distance est de 8 à 9 lieues.

N°. 10. — Comment reconnaît-on le pertuis d'Antioche ?

On le reconnaît par la tour de Chassiron, située à la pointe du N. O. de l'île d'Oléron, et par la tour d'Ars et les Baleines. Pour entrer dans le pertuis d'Antioche, on se tient à une lieue de la tour de Chassiron, et on gouverne à l'E. S. E. du compas jusqu'en rade des Basques, et on laisse les Antiochats, les platures de St.-Denis et le banc de Boyard à tribord; sur babord, les battures d'Ars et de Ste.-Marie et le Lavardin. Pour aller en rade de l'île d'Aix, on tient la tour de Fouras par le village de l'île d'Aix, jusqu'à ce que le fort de l'île Madame vienne par le fort de l'île d'Aix, on passe entre le fort Boyard et la pointe de l'île d'Aix, on va mouiller sur la rade par les 7 à 8 brasses.

N°. 11. — Quelle est la route que l'on a à faire de la rade des Basques à La Rochelle, et les dangers qu'on a à éviter ?

La route est l'E. du compas; on gouverne ainsi jusqu'à ce que la tour de La Rochelle vienne dans le sud de celle de Chay-de-Bois de la longueur de deux voiles.

Et on gouverne sur ces marques jusqu'à ce que la pointe de Repantie soit cachée de celle de Chay-de-Bois, alors on est paré du Lavardin on va mouiller en rade de La Rochelle.

Du Pertuis à la rade de La Rochelle, la route est l'E. S. E; la distance est de 4 à 5 lieues : le brassiage est depuis 18 jusqu'à 5 brasses; et dans la rade des Basques, 10 et 11 brasses. Du Pertuis à l'île d'Aix, la route est l'E. S. E. jusqu'en rade des Basques, et le S. S. E. jusqu'à l'île d'Aix, en tenant la tour de Fouras par le village de l'île, jusqu'à ce que le fort de l'île Madame vienne par le fort de l'île d'Aix, pour passer entre le fort Boyard et l'île d'Aix, et on va mouiller sur la rade. La distance du Pertuis à l'île d'Aix est de 5 lieues : le brassiage est depuis 18 jusqu'à 7 brasses fond de vases.

N°. 12. — De la rade de l'île d'Aix à La Palisse, quelles sont les marques qu'il faut prendre et quelle est la route ?

La route est le N. ¼ N. E. du compas, distance de 5 lieues; pour cela on tient la pointe du plomb cachée par la pointe d'Arpanti, et on gouverne sur ces marques jusqu'à ce que la tour de La Rochelle vienne dans le nord du corps-de-garde de la pointe de Chay-de-Bois, de la largeur d'une voile; alors on est paré du Lavardin, et l'ayant laissé à babord, on fait le demi-chenal jusqu'à la rade de La Palisse.

N°. 13. — De La Palisse, voulant sortir par le Pertuis Breton, la route est le N. O. du compas; les dangers sont les bancs de St.-Martin, la pointe de Lois, le banc Breton et les Baleineaux; sur babord et sur tribord, les Joux de l'Aiguillon, le Groin de la tranche de La Palisse à l'ouverture du Pertuis; la distance est de 4 à 5 lieues : le brassiage est de 18 à 4 brasses.

N°. 14. — Du Pertuis Breton pour parer les Barges, quelle est la route?

La route est le N. O.; la distance est de 5 à 6 lieues : et le N. N. O. pour aller aux Sables.

Pour entrer aux Sables d'Olone, quelles sont les marques?

Pour cela on tient deux moulins qui sont dans l'est du fort, l'un par l'autre, jusqu'à ce que la tour à Feu soit couverte dans l'E. de celle de St.-Nicolas; on pare ainsi le Nou et le Mourai et l'on va chercher le port des Sables : on entre en rangeant la chaussée de tribord, que l'on connaît lorsqu'on est paré des Barges, quand le moulin, qui ressemble à un four à chaux, est ouvert de la pointe de la Chaume; on trouve au pied des Barges 11 à 12 brasses d'eau.

N°. 15. — Quelle-est la route des Barges au coureau de l'île Dieu, et les dangers?

La route est le N. N. O. du compas; les dangers sont la pointe du Corbeau et la pointe des Chiens-Perrins à babord; le pont de l'île Dieu et Basse-de-l'Aigle à tribord; on trouve 24 à 25 brasses des Barges à l'île Dieu, et dans le coureau il y a 8 brasses : distance 8 à 9 lieues. Pour passer dans le coureau de l'île Dieu on range l'île à une certaine distance afin de parer le pont Basse-de-l'Aigle.

N°. 16. — Comment reconnaît-on l'île Dieu, venant du large?

Par une tour qui est à peu près sur le milieu de l'île, et par plusieurs moulins qui sont dans le N. O. de la tour. Les Chiens-Perrins sont situés à trois quarts de lieue de terre au N. O. de l'île.

N°. 17. — De l'île Dieu au Pilier, quelle est la route et quels sont les dangers?

Le N. et le N. ¼ N. E; les dangers sont les Bœufs, qu'il ne faut approcher à moins de 10 à 12 brasses : fond de sable noir. La distance de l'île Dieu au Pilier est de 5 à 6 lieues.

N°. 18. — Quels sont les dangers et la route pour aller du Pilier en rivière de Nantes?

La route est le N. E. du compas; les dangers sont la Couronnée, le banc Vert et le banc de Morée, sur tribord; la Lombarde, la Banche-Grond, le Petit-Charpentier, et la Pierre-Percée, sur babord. Pour entrer en rivière de Nantes il faut tenir la tour du Commerce par la tour d'Aiguillon, et gouverner sur ces marques jusqu'à Bonne-Anse, laissant le banc de Ste.-Marie à babord, et la tour de Morée à tribord; on gouverne sur la pointe de Sénézaire, en faisant le demi-chenal, et on donne en rivière de Nantes : brassiage, 7 à 8 brasses.

N°. 19. — Quelles sont les marques pour passer entre la Lombarde et la Banche?

On tient la tour de Guérande, par la pointe de Pain-Château, ouverte dans l'E. de la largeur d'une voile, et on est paré de la Banche quand la tour de Morée est cachée par la pointe d'Aiguillon.

Des Charpentiers à la pointe du Croisic la route est le N. O. $\frac{1}{4}$ N.; les dangers sont la Lombarde, la Banche à babord, et basse Louvre à tribord: la distance est de 4 à 5 lieues. Pour éviter basse Louvre on tient la pointe de Chamoulin ouverte de la Pierre-Percée dans le nord de la largeur d'une voile, jusqu'à ce que la tourelle de l'église du bourg de Bas vienne par la fenêtre de la grande tour, et on pare basse Louvre.

N°. 20. — Pour passer à terre de la Pierre-Percée, on tient la pointe de Levenne peu ouverte de la pointe de Chamoulin, pour parer la Vinouse et la Vieille que l'on laisse à babord, faisant route à l'E.: la distance du Pilier à bonne Anse est de 5 lieues.

Pour entrer en rivière de Nantes, en louvoyant on promène l'arbre de la ramie par une petite baie de sable qui est dans l'E. de la pointe de Chamoulin, et on évite les dangers.

N°. 21. — Quelles sont les marques et la route de l'Ile-Dieu pour passer entre le Four et la Banche?

La route est le N. $\frac{1}{4}$ N. E. du compas; on gouverne ainsi jusqu'à ce que la tour de Guérande vienne par une baie de sable qui se trouve entre le bourg de Bas et la pointe du Croisic; on promènera la tour de Guérande d'un coin à l'autre de ladite baie de sable, et on pare la Banche et le Four en louvoyant.

N°. 22. — Quelles sont les marques pour passer entre le Four et le Croisic?

On tient la tour de Périac par la Terre-Noire jusqu'à ce que la tour du bourg de Bas vienne dans le nord du corps-de-garde de la largeur d'une voile, et on va chercher le Croisic.

Quelle route fait-on des Cardinaux à la pointe du Croisic?

La route est le S. E. $\frac{1}{2}$ E.: on gouverne à demi-chenal jusqu'à ce que la tour de Périac vienne par la Terre-Noire et le bourg de Bas dans le nord du corps-de-garde de la Romaine, et on va chercher le Croisic.

Les marques pour entrer sont le bourg de Bas par la chaussée du passage qui est dans le N. O. du Croisic.

N°. 23. — Quelles sont les marques pour entrer à la Vilaine?

On tient la pointe du Grand-Mont dans le sud de la pointe de Pienne-Viences pour parer les mâts de Penner, on gouverne ainsi jusqu'à ce que la cloche de Prière vienne par une petite baie de sable qui est à la pointe de Bilier; on gouverne sur ces marques jusqu'en dedans, et on range le côté sud; on laisse les Cessay à tribord, et les Garlée à babord de la pointe du Croisic à la Taniouse: la route est le N. O., et pour aller au Morbihan le N. N. O.

N°. 24. — Quelles sont les marques pour parer la Basse-St.-Gildas?

Il faut tenir la tour de Carnac ouverte dans l'ouest de Méhoban de la largeur d'une voile, jusqu'à ce que la tour de Lomariaquer soit dans l'ouest de la pointe du Petit-Mont; alors on est paré et on va attaquer la pointe de Port-Navalo.

N°. 25. — Quelles sont les marques pour le Morbihan ?

On gouverne sur la pointe de Port-Navalo, en rangeant le Petit-Mont à une certaine distance, et l'on gouverne ainsi jusqu'à ce que les deux petites îles qui sont à l'entrée de la rivière de Vannes soient l'une par l'autre.

Pour éviter les Bagnollettes qui restent à tribord, on va mouiller à Port-Navalo ou à Lomariaquer.

N°. 26. — Quelle route faites-vous de Port-Navalo à la Taniouse ?

La route est le S. O. ¼ O.; les dangers sont la Taniouse, les Trois-Pierres et le Goïvas à tribord, et à babord les Eclassiers et les îles de Houat; pour passer dans la Taniouse : il faut avoir la pointe du Petit-Mont ouverte de deux voiles dans le sud de la Taniouse jusqu'à ce que le Moulin-de-St.-Julien vienne dans l'ouest du Clocher-de-Quiberon, et on est paré de tout danger. Pour passer dans le Binniguet, il faut ranger l'île Binniguet, pour éviter la basse de l'île de Houat : la distance de la pointe de Port-Navalo à la Taniouse est de 3 lieues.

N° 27. — On reconnaît Belle-Ile, venant du large, par le clocher de Bangore, situé sur le milieu de l'île, et on la reconnaît venant du O. N. O. : elle semble former 3 îles, et quand on s'en approche, elles se réunissent.

N°. 28. — Quelle route fait-on de la pointe de Lomaria pour aller attaquer les Harengs, et quels sont les dangers qu'on a à éviter ?

La route est le nord du compas; les dangers sont la pointe des Poulains, les Bervideaux, les Chats-de-Groaix, qui sont à une demi-lieue dans le S. S. E. de la pointe de Groaix sur babord; la pointe de Quiberon, l'île Rolond et la pointe de Gavre à tribord. Pour passer à terre des Bervideaux, il faut tenir la pointe du Talu ouverte dans le N. de la pointe du S. E. de Groaix : la distance est de 8 à 9 lieues.

Les marques pour les Bervideaux sont le moulin de Portivis par une ance de sable qu'il y a à Quiberon, et la pointe la plus ouest de Belle-Ile ouverte, dans l'Ouest de la pointe des Poulains de 2 voiles de la pointe des Poulains à Groaix. La route est le N. et le N. ¼ N. E. du compas : distance 5 à 6 lieues.

N°. 29. — Quelles sont les marques pour entrer au Port-Louis ?

Pour entrer au Port-Louis par le chenal de Gavre, on tient la tour de Lorient par la citadelle du Port-Louis; on gouverne ainsi jusqu'à ce que le puits de Gavre vienne par la première maison du village, et le poteau de Saint-Michel, par le carré du bagne de Lorient; on gouverne sur ces dernières marques jusqu'en rade du Port-Louis, laissant les Harengs, la Potée-de-Beurre et les roches qui se trouvent avant d'arriver au Port-Louis, sur lesquelles il y a une balise à babord et la pointe de Gavre à tribord.

Par la passe d'Ouest, on tient le Couvent de Saint-Michel ouvert de la pointe du Port-Louis et les 2 moulins de Lomalo, dans le sud des remparts du Port-Louis, on tient ces marques jusqu'à ce que le poteau de Saint-Michel vienne par le carré du Bagne, et on entre au Port-Louis, laissant les Harengs et la Potée-de-Beurre à tribord, la pointe du Talu et la pointe de l'Omenaire à babord, et les roches de Laremor.

N°. 30. — Quelles sont les marques pour parer le Cochon ?

Il faut avoir la pointe du Talu ouverte de celle de Gavre; et on le pare : il se trouve dans la baie du Poulduc.

Quelles sont les marques pour passer à terre de la Varesse ?

Il faut avoir la petite chapelle, qui est l'entrée de Pondaven, par les roches qui sont dans la même entrée.

N°. 31. — Quelles sont les marques pour parer les Soldats et entrer à Concarneau ?

Pour parer les Soldats, il faut avoir l'île de Régenesse ouverte de la pointe de Trévignon; et pour entrer à Concarneau, la tour du Busec par celle du Rosaire; ensuite ayant paré les roches de l'entrée, on gouverne sur le moulin qui est du côté du sud, on range de près et on donne dans Concarneau.

De l'île de Groaix aux Glénans, la route est le N. O.; la distance est de 6 à 7 lieues. Les dangers sont Basse-Jaune, Pigeon et les îles des Glénans à babord; à tribord, l'île Verte, les basses environnant et les Soldats. Pour parer Basse-Jaune, on tient l'île de Saint-Nicolas-des-Glénans un peu ouverte dans le Nord de Penfret, et on gouverne sur Penfret.

N°. 32. — Pour passer dans le chenal des Glénans, la route est le O. N. O. du compas, en rangeant les Glénans d'un tiers de distance, et l'île aux Moutons des deux tiers.

Il faut tenir la tour de Busec de la pointe de Becmaille, dans le sud, de 2 voiles, jusqu'à ce qu'on soit paré de toutes les roches, et on fait route pour le Penmarck. Les dangers dans le chenal des Glénans, sont les Pourceaux, Basse-Rouge et l'île aux Moutons; à babord, Penfret et l'île des Glénans.

N°. 33. — Quelles sont les marques pour entrer à Bénodet, venant du S. E.?

On tient l'île de Penfret par les roches qui sont sur le bout de l'E. de l'île aux Moutons, jusqu'à ce que le moulin qui est sur la pointe de Bénodet vienne par une petite tour blanche, qui est sur la même pointe, et on gouverne sur ces marques jusqu'en dedans de Bénodet.

N°. 34 — De Bénodet pour aller au Penmarck il faut faire le O. S. O, et on tient la tour du Busec de la largeur d'une voile dans le sud : on tient ces marques jusqu'à ce qu'on soit paré des roches de l'île aux Moutons, et on fait le O. N. O., pour aller attaquer le Penmarck. Des Glénans au Penmarck la distance est de 5 lieues S. E. et N. O.

N°. 35. — Du coureau de Groaix pour passer en dehors des Glénans, la route est le O $\frac{1}{4}$ N. O.: les dangers sur tribord sont Basse-Jaune, le Pigeon, la Jument et les îles des Glénans.

On reconnaît les Glénans, venant du large, par plusieurs roches que l'on y voit et par l'île de Penfret. De Belle-Ile au Penmarck, la route est le N. O., la distance 17 lieues, et on reconnaît le Penmarck par les Hestos et par la tour qui se trouve sur la pointe.

N°. 36. — Pour entrer au Penmarck, on tient un Château, qui reste à tribord, par une grande allée d'arbres qui se trouve dans un bois, on a soin de la tenir toujours ouverte, et on gouverne ainsi jusqu'au mouillage.

Du Penmarck à Audierne, la route est le nord du compas; les dangers sont la Côte et la Gamelle, et les basses qui se trouvent dans le fond de la baie. Du Penmarck à Audierne, la distance est de 4 à 5 lieues.

N°. 37. — Quelles sont les marques pour entrer à Audierne par le Sud ?
Pour cela on tient la tour d'Esquiven par le corps-de-garde de babord de l'entrée, on gouverne sur ces marques jusqu'à ce que la tour de Busec vienne par le coin du mur des Capucins ; on gouverne sur ces dernières marques en rangeant le corps-de-garde de babord de l'entrée.

N°. 38. — Pour entrer par l'O., on tient le moulin de Poulgouasic par le corps-de-garde de tribord de l'entrée, laissant la Gamelle à tribord ; on gouverne sur ces marques jusqu'à ce que la tour de Busec vienne par le coin des Capucins, et l'on agit de même jusqu'à l'entrée, en rangeant le corps-de-garde.
Quels sont les dangers et la route du Penmarck au Raz ?
La route est le N. N. O. tenant un peu du N. : les dangers sont la Gamelle et plusieurs roches sous l'eau, dans la baie ; pour parer la chaussée des Saints du Penmarck, le N. O. : la distance de Penmarck au Raz est de 8 lieues, et à la chaussée des Sts, de 10 à 11 lieues.

N°. 39. — Pour donner dans le Raz, quels sont les dangers qu'on a à éviter et les précautions qu'on doit prendre ?
Les dangers sont le Grand-Cornet le Pont-des-Chats, les Barileaux, le Grand-Stévenec, à babord ; et Basse-Vieille, la Vieille et la Basse-Plate à tribord. Pour donner dans le Raz avec des vents contraires, on range la Vieille le plus qu'il est possible, on laisse courir demi-chemin des Barileaux ; on vire de bord pour courir dans la baie des Trépassés, en se tenant dans le courant du Raz, et on vire de bord de bonne heure pour la Basse-Plate ; on continue ainsi par petit bord jusqu'à ce qu'on ait paré le Grand-Stévenec et les Barileaux.
Ayant donné dans le Raz pour aller à Douarnenez, la route est l'E. S. E. du compas, ayant soin d'éviter une basse qui se trouve à un quart de lieue dans le N. N. E. de la pointe des Trépassés, et on gouverne à l'E. S. E., ayant soin de ranger la terre de Busec, laissant les deux tiers du côté du Coq-la-Chèvre, pour éviter Basse-Vieille, qui se trouve à trois quarts de lieues dans le O. S. O. du Coq-la-Chèvre, et on donne dans la baie pour être, par son travers, et avoir les deux Tas-de-Foin par le Trou-Linguet ; pour sortir de la baie, on cotoye la terre du sud jusqu'à ces marques.

N°. 40. — Du Raz quelle est la route pour aller au Trou-Linguet, et quels sont les dangers qu'on a à éviter ?
La route est le N. E. du compas : les dangers sont le Grand-Cornet, le Pont-des-Chats, les roches de l'île des Seins, le Grand-Stévenec et les Barileaux ; Basse-de-l'Iroise, Basse-d'Ulysse, le Goëmont et la Vendrée, la Parquette sur babord ; sur tribord, Basse-Vieille, Basse-Jaune, le Bouc, la Chèvre et le Chevreau, les Tas-de-Foin et le Trou-Linguet, la Pointe-de-Camaret : la distance est de 6 lieues. Pour donner dans le Goulet, on range les Tas-de-Foin, ensuite on gouverne sur le Trou-Linguet, que l'on range pour parer les roches de la Pointe-de-Camaret ; pour donner dans le Goulet de Brest, on gouverne sur la pointe de Cornouaille ; pour passer dans le sud des Fillettes, de la-Roche-Maingan, on gouverne ainsi en rangeant la terre du sud jusqu'à ce que le Château de Brest vienne dans le sud d'une voile de la pointe de Porzic, on pare les Fillettes, Basse-Goudron et la Roche-Maingan, que l'on laisse à babord, et on va mouiller en rade de Brest.

N°. 41. — Du Raz, quelle est la route et les marques pour parer la Vondrée, le Goëmont ?

La route est le N. ¼ N. E. du compas les laissant à tribord, et on tient la pointe du Conquet ouverte dans l'ouest de la pointe de Saint-Mathieu, de 2 voiles, jusqu'à ce que la tour de Crozon vienne dans le nord des Poids ; alors on est paré et on va attaquer la pointe de Saint-Matthieu, laissant le Goëmont, la Vondrée basse, l'Iroise basse d'Ulysse et la Parquette à tribord ; le Grand-Stévenec, les Barileaux à babord.

N°. 42. — Du Raz, quelle est la route et les marques pour passer entre la Goëmont et la Parquette ?

La route est le N. N. E. : on tient la pointe du Conquet par la pointe de Saint-Matthieu, jusqu'à ce que le village qui est au-dessus de Camaret vienne dans le nord du Trou-Linguet de 2 voiles ; on est paré de tout danger et on va attaquer la pointe de Saint-Matthieu. Du Raz à Saint-Matthieu la distance est de 5 à 6 lieues : la route est le N. N. E.

N°. 43. — Quelle reconnaissance prend-on pour l'Iroise ?

On prend connaissance de Ouessant, et on gouverne dans la direction de l'Iroise ; et lorsqu'on fait route à l'E. S. E., en tenant le Goulet de Brest ouvert, on évite les Cheminées, Basse-Vin, et les Pierres-Noires à babord ; et à tribord, le Goëmont, la Vondrée et la Parquette ; et lorsque le moulin qui est dans l'enfoncement du Conquet vient par Basse-Vin, on est paré de tout danger et on va attaquer la pointe de Saint-Matthieu. Pour aller à Brest, on tient le Goulet ouvert, ainsi que l'île Benniguet ouverte de Saint-Matthieu, pour parer le Coq et le Busec, et on gouverne ainsi jusqu'à ce que le village de Kydelec vienne dans l'E. du fort de Bertome ; on gouverne sur la pointe du Grand-Minou, et on côtoye la Côte du Nord pour éviter les Fillettes, la Roche-Maingan et Basse-Goudron ; pour les parer, on met la tour de Plougastel un peu ouverte de la Cormorandien, on fait le demi-chenal et on va mouiller en rade de Brest.

Ainsi de l'Iroise pour entrer à Brest, on tient le Goulet ouvert, et quand le moulin, qui est dans l'enfoncement du Conquet, vient par Basse-Vin, on est paré des dangers de l'Iroise ; ensuite on donne dans le Goulet en cotoyant la terre du Nord et on fait le demi-chenal pour entrer en rade de Brest.

N°. 44. — Quels sont les dangers et la route qu'on a à éviter de Saint-Matthieu au Four ?

La route est le N. et le N. ¼ N. E. ; les dangers sont les Moines-de-Saint-Matthieu, la Basse-du-Renard, la Petite-Vinotière, la Basse-Fourche, et les roches du Four, à tribord ; à babord, la Grande-Vinotière les Basses-de-Benniguet et les Platresses : pour les éviter on tient le corps-garde de la pointe de Paul par le fort du Conquet, et quand elle est ouverte, on pare la Basse-du-Renard, et on passe entre la grande et la petite Vinotière ; ensuite on tient la tour de Saint-Matthieu, par le milieu d'une baie de sable qui est entre la pointe du Conquet et la pointe Saint-Matthieu : on tient ces dernières marques jusqu'au Four et on est paré des dangers ; quand la maison du-Remeur vient dans le nord de la Grande-Fourche d'une voile, on est paré des Platresses.

N°. 45. — Venant de la Manche pour donner dans le chenal du Conquet, en louvoyant afin d'éviter tous dangers, on promène la tour de Saint-Matthieu d'un coin à l'autre de la baie de Sable sous le Clocher, et on pare les dangers de Saint-Matthieu au Four : la distance est de 4 à 5 lieues.

Du Four à Abreverac, quels sont les dangers que l'on a à éviter et la route ?

La route est le N. E. ; les dangers sur tribord sont la roche du Four, les roches de Porsal, l'île Plate, et l'île Couic ; et l'on gouverne ainsi jusqu'a l'entrée.

N°. 46. — Pour entrer à Abreverac par la Pendante, on tient la Chapelle de Saint-Antoine par une tourelle blanche faite exprès, qui est sur le bout du S. E. de l'île du Four ; on gouverne sur ces marques, en les tenant on entre, et on va mouiller sous le fort par 7 à 8 brasses, laissant la Pendante, la Potée-de-Beurre et l'île du Four à bâbord ; l'île de Groix et les roches de l'entrée à tribord ; la distance est de 4 lieues : brassiage 20 brasses.

N°. 47. — De L'Abreverac à l'île de Bas, quels sont les dangers et la route ?

La route est l'E. N. E., jusqu'à ce qu'on ait dépassé les roches des Corrégioux et du Pontus-Val, ensuite on gouverne à l'E. $\frac{1}{4}$ S. E. du compas, jusqu'à prendre connaissance de l'île de Bas et de la tour de Duon ; puis on tient la tour de Duon par l'île Verte, jusqu'au pied de la Vendière, qu'on range d'une demi-encablure et on laisse le Coyon à bâbord, qui est dans le milieu du chenal ; ensuite on tient la petite tour, qui est sur la pointe de Roscoff, un peu ouverte de la grande, dans l'ouest, et l'on évite la Tête-d'Oignon ; ensuite on va mouiller dans l'anse de l'île de Bas. Les dangers sont, à tribord, la Vendière et la Tête-d'Oignon ; à bâbord, la pointe de l'île de Bas et le Coyon ; la distance d'Abreverac à l'île de Bas est de 8 lieues ; les dangers sont les roches de Pontus-Val et les Corrégioux

N°. 48. — Venant du large et voulant aller en rivière de Morlaix, de quoi prend-on connaissance et quelles sont les marques pour entrer ?

On prend connaissance de l'île de Bas et de la tour de Duon ; on gouverne sur ces marques jusqu'à prendre connaissance d'une petite tour blanche qui est sur une petite île vis-à-vis du château du Taureau, que l'on tient par une autre tour blanche qui est à la Grande-Terre ; on gouverne sur ces marques jusqu'à la petite Roquelle : il faut donner un peu de tour sur tribord pour éviter la Basse Anglaise ; quand on l'a parée on vient prendre ses marques et on gouverne ainsi jusqu'à ce que la montagne de Morgant vienne s'ouvrir par le château du Taureau à bâbord de l'île qui est dessus, et la tourelle à tribord, alors on est paré de tous dangers et on mouille par les 7 à 8 brasses.

N°. 49. — De l'île de Bas à Perros, la route et les dangers sont le E. $\frac{1}{4}$ N. E. Il faut se méfier des Triagots, avec les flots, par la violence du courant qui jette dessus avec force, et des Méloines : la distance est de 8 lieues.

Pour entrer à Perros par la passe d'O., on tient l'île de Thomé ouverte de la pointe de Perros ; on gouverne ainsi sur le milieu de l'entrée, jusqu'à prendre connaissance de la balise qui est sur la plature de la pointe de Thomé ; ensuite quand les maisons de Perros sont ouvertes de la pointe de tribord, on vient au mouillage du demi-chenal, et on va mouiller en rade.

N°. 5o. — De Perros sur les vases les dangers de tribord sont les rochers de l'île Thomé, sur les deux extrémités ; à babord, la pointe de Perros et la Basse à tribord de la pointe. Pour entrer par l'E., on tient le chemin de l'Annion, qui est dans le fond du port, bien ouvert, et on gouverne ainsi jusqu'au mouillage, laissant l'île Thomé à tribord, et la balise à babord, basses roches et les roches de l'entrée.

De Perros à l'île de Bréhat, quelle est la route et quels sont les dangers ?

La route est l'E. $\frac{1}{4}$ S. E.; les dangers sont les roches du Port-Blanc et les Épées-de-Triguer : la distance est de 5 à 6 lieues.

N°. 51. — Quelles sont les marques pour entrer à Bréhat ?

On tient le corps-de-garde qui se trouve à la pointe de Paimpol, ouverte dans le milieu du chenal, qui est à terre de Bréhat, et les rochers qui sont dans le S. O. de l'île; on gouverne sur ces marques en laissant la Vieille et plusieurs autres roches à tribord; on tient ces marques jusqu'à la pointe de la Corderie, laissant l'île de Bréhat et plusieurs autres basses à babord. Pour entrer à Bréhat on espère jusqu'à trois quarts de flot et on a de l'eau suffisamment. Il y a plusieurs basses qui se trouvent dans le chenal.

N°. 52. — Pour entrer au Port-Clos, on se défie de la Horaine qui se trouve à une lieue dans l'E. N. E. de la pointe de Bréhat, et qui se découvre à demie marée; ensuite on gouverne sur l'île de Bréhat, jusqu'a ce qu'on ait connaissance de la roche Balisse et d'une petite tourelle blanche qui est à tribord, et on gouverne à demi-chenal entre l'île ou la tourelle qui est dessus et la balise, et on entre au Port-Clos.

Venant de l'île de Bas à Perros, on peut passer à terre des Triagots, en laissant les deux tiers du coté de la Grande-Terre; et pour passer à terre de l'île, voulant aller trouver la rade de Bréhat, on fait le demi-chenal et on gouverne à l'E. S. E. jusqu'en rade de Bréhat; on a soin de passer à une lieue de l'île pour éviter les roches et plusieurs basses qui se trouvent dans la rade. Puis on range la Horaine à tribord où à babord; ensuite on dirige sa route au S. E. et on va attaquer le Cap Fréhel, laissant la roche Harlopin, les Bouillons, la Pellée à tribord : la distance de Bréhat au Cap Fréhel est de 10 à 11 lieues. Ensuite on va attaquer Saint-Malo : la distance du Cap Fréhel à Saint-Malo est de 3 lieues; la route est le S. E. du compas, et on va attaquer l'entrée de Saint-Malo, laissant les Sauvages à babord.

N°. 53. — Pour entrer à Saint-Malo par la Grande-Porte, il faut avoir le clocher de Paramée par la Grande-Coquette, qui reste à babord, et l'île de Cézembre, jusqu'à ce qu'on ait dépassé la balise Grodienne.

On gouverne de même jusqu'à ce que la tour de Saint-Servan vienne par le coin de la Citée; on gouverne sur ces marques laissant la Balisse du Buron à tribord, et les Bayes à babord, et l'on va ensuite mouiller sous la Citée.

N°. 54. — Pour entrer à Saint-Malo par la passe de l'ouest, les marques sont la pointe de Solidore, par la grande baie; on tient ces marques jusqu'à prendre connaissance de la balise, qui est sur les Pierres-Normandes, qu'il faut laisser à babord, et aller chercher la petite baie, qu'il faut aussi laisser à babord; et faisant route au S. O. $\frac{1}{4}$ S., jusqu'à ce que la tour de Saint-Servan soit par le coin de la Citée, en passant entre les Pierres-Guiberons et les Pierres-Normandes, et l'on va mouiller sous la Citée.

N°. 55. — De l'île de Bas pour aller à Saint-Malo, passant en dehors de Roche-Douvres, on gouverne à l'E. $\frac{1}{4}$ N. E., jusqu'à ce qu'on soit paré des Triagots et des Sept-Îles; on gouverne à l'E. $\frac{1}{4}$ S. E. pour passer au large de Roches-Douvres, et lorsque l'on a dépassé ces roches, on gouverne au S. S. E., pour prendre connaissance du Cap Fréhel; ensuite on fait route pour Saint-Malo de l'île de Bas à Roche-Douvres : le brassiage est de 30 à 40 brasses et la distance de 15 lieue c.

N°. 56. — De Ouessant, voulant aller attaquer les Casquets quelle est la route et quels sont les dangers qu'on a à éviter ?
La route est l'E. et E. $\frac{1}{4}$ N. E. du compas; les dangers sont la côte, depuis le Four jusqu'à l'île de Bas, les roches des Triagots, les Sept-Îles, la pointe du N. O. de l'île Guernesey, qu'il ne faut pas ranger moins d'une lieue et demie, et les Casquets : le brassiage est de 45 à 50 brasses; la distance est de 44 à 45 lieues. On reconnait les Casquets par les trois tours à feu qui paraissent blanches, et par l'île d'Aurigny.

N°. 57. — Des Casquets, quelle est la route pour aller à Cherbourg ?
La route est le S. E. $\frac{1}{4}$ E, la distance est de 10 lieues; ensuite on prend connaissance du Cap la Hague, du fort de Querqueville : on gouverne dessus, laissant le cap la Hague à tribord, à une lieue de distance, pour éviter les roches qui sont sur la pointe du N. O.
On gouverne ainsi jusqu'au fort de Querqueville, et on passe à demi-chenal entre la tonne de la digue et le fort. On gouverne ainsi jusqu'à ce qu'on soit paré du fort de Hommet, et on va en rade de Cherbourg par les 6 à 7 brasses. La route des Casquets à Cherbourg n'est point constante, selon la partie où sont les vents et les marées que l'on prend.

N°. 58. — Pour entrer à Cherbourg par la passe de l'E., on tient le demi-chenal entre la tour qui est sur le bout de l'E. de la digue et l'île Pelée, laissant la digue à tribord et l'île Pelée à babord, et on va mouiller en rade de Cherbourg, ayant soin d'éviter la pointe du N. E. de l'île Pelée, qu'il ne faut pas ranger de trop près.

N° 59. — Quelle est la route?
La route est l'E. N. E. du compas, jusqu'à ce qu'on ait dépassé le Cap Lévi, la Pierre-Remie et les Trois-Pierres; ensuite on fait le S. E. du compas pour aller à la pointe de Barfleur, et on fait la même route pour la Heve, afin de parer la Roquette qui est à la pointe de Barfleur. Il faut avoir la montagne du Roul ouverte dans l'ouest du cap Lévi : la distance de Cherbourg à Barfleur est de 6 à 7 lieues; les dangers sont les roches du cap Lévi, le Remier, les Trois-Pierres et la Roquette.

N°. 60. — Pour entrer à la Hougue, il faut ranger la pointe de l'Epée, qui est la pointe du fort de la Hougue, et on mouille sous le fort par 7 à 8 brasses. Pour aller à St.-Vaast, il faut donner du tour à l'île Tartion, à la pointe de la Deute. Pour mouiller en rade de St.-Vaast, il faut avoir le clocher de Pernesse par St.-Vaast.

N°. 61. — Pour entrer à Caen, quelles sont les marques que l'on prend pour donner dedans?
A l'Ouest de la rivière, il y a une église qui a un haut clocher; on voit deux fenêtres qui sont à l'opposite l'une de l'autre : il faut voir à tra-

vers ces fenêtres ; on gouverne sur ces marques jusqu'à ce qu'on ait connaissance d'une bouée qui est sur le bout d'un banc à tribord, et la balise à babord. Il ne faut pas épargner la sonde jusqu'à ce qu'on soit en dedans de la pointe de siège, et on mouille en dedans de cette pointe.

N°. 62. — De Barfleur à la Heve, la route est le S. E. : distance 18 lieues ; brassiage, 15 à 20 brasses.

Pour entrer en rade du Hâvre par le S. O., on tient le château d'Orchés par les moulins les plus sud du Père, et on tient ces marques jusqu'à ce qu'on soit sur la rade ; mais avec un bâtiment tirant de l'eau, on espère une ou deux heures de flot pour le haut de la rade.

N°. 63. — Pour aller à Honfleur de la rade du Hâvre, on tient la tour qui est sur le bout de la jetée du Hâvre, dans le sud, d'une voile des deux tours de la Heve ; en tenant ces marques on pare Honfort et le Ratier. Pour entrer par le N. O., on tient la jetée du Hâvre par la côte de Grâce, près Honfleur ; on gouverne ainsi, et quand la côte du N. de la Heve vient se cacher par le cap la Heve, on gouverne au sud jusqu'à ce qu'on soit sur la rade.

N°. 64. — Du Hâvre à Fécamp la route est le N. E. jusqu'au Cap Antifer, la distance est de 7 lieues. Les dangers sont le cap Antifer et les rochers de Sotteville. Du cap Antifer, on fait l'E. du compas, pour aller attaquer le port de Fécamp ; pour entrer à Fécamp, on range la jetée du N. O. le plus près possible, et on force voile, par rapport au flot qui jette avec violence sur la jetée de babord.

N°. 65. — De Fécamp à St.-Valery-en-Caux, la route est l'E. $\frac{1}{4}$ N. E. : distance 5 lieues ; brassiage, 10 brasses. Pour entrer à St.-Valéry-en-Caux, on laisse la jetée du N. O. à tribord, et on range celle du S. E. à babord.

N°. 66. — De St.-Valery à Dieppe, la route est l'E. $\frac{1}{4}$ S. E. : distance de 5 lieues. Avant d'arriver à Dieppe, on se méfie des roches de Dailly qui sont à une demi-lieue au large ; pour les éviter on tient la tour de St.-Rémy ou de Dieppe ouverte du château de l'Etoile, dans le N. O., l'autre est sujette à changer ; étant forcé, on va ranger la jetée, du N. O., revenant un peu au S. E. pour aller chercher celle du Polée, et on entre en la côtoyant. Quand il y a un pavillon blanc au bout de la jetée, il y a de l'eau pour entrer : brassiage, 4 brasses.

N°. 67. — De Dieppe à l'entrée de la rivière, la route est l'E. N. E ; la distance de 8 lieues : brassiage, 10 brasses. Pour entrer par le S. O., on prend connaissance de Caycux et de la première tonne, et on les laisse à tribord, à un peu de distance, jusqu'à la pointe de la Hourdel ; lorsqu'il par mauvais temps, que les pilotes ne peuvent pas sortir, alors ils font signe fait le moyen du balornier, qui incline du côté où est le chenal ; on trouve 4 à 5 brasses.

N°. 68. — Venant du large, pour entrer par le N. O., ayant connaissance de la terre de St.-Valery-sur-Somme, on met la ville de St.-Valery un peu ouverte de la pointe de la Hourdel, jusqu'à ce qu'on soit rendu près de la première tonne ; on la range en la laissant à tribord, ainsi que deux autres, et on va atterrer entre le corps-de-garde et la pointe de la Hourdel ; ensuite on dirige sa route sur le Courtois.

N°. — 69. De l'entrée de la Somme à Boulogne, la route est le N. N. E. ; distance de 10 lieues : brassiage de 8 brasses. Pour entrer à Boulogne, on prend connaissance de la petite jetée d'O. ; on donne du détour au banc, et passant à ranger la bouée, qui est sur le bout du banc ; on revient sur tribord le plus qu'il est possible, pour se méfier des digues qui sont à babord ; il ne faut entrer que de pleine mer, si les vents ne sont pas portatifs, par rapport au flot qui porte sur les digues.

Les digues prennent depuis la jetée de l'Est, et conduisent au N. N. O. d'un quart de lieue au large ; il y a des balises de distance en distance, qu'on range pour faire le chenal.

Lorsque les pilotes ne peuvent pas sortir, il faut être attentif. Il y a sur la jetée d'O. un pavillon rouge sur un mât à bascule ; ledit pavillon est à demi-mât lorsqu'il est pleine mer. Le pilote, pour marquer combien il y a d'eau dans le chenal, hisse un pavillon rouge au-dessous du blanc ; le navire doit arborer son pavillon, pour dire qu'il a vu le signal et qu'il est attentif ; alors il l'amène, et le pilote amène et hisse son pavillon autant de fois qu'il y a de pieds d'eau dans le chenal ; quand le navire a de l'eau, il fait route à l'entrée, en suivant le mouvement du mât de pavillon à bascule, et il y porte toute l'attention possible. Le port est situé au N. N. O. et S. S. E. ; les courants portent au N. E.

N°. 70. — De Boulogne à Calais la route est le N. N. E. et l'E. N. E : distance de 8 lieues. On fait le N. N. E. jusqu'au Cap Grinez, auquel on donne un peu de détour pour éviter les basses qui se trouvent à terre entre le Cap Grinez et Blanc-Nez, et on passe entre les bancs qui se trouvent dans le Pas-de-Calais et le Cap Grinez ; ensuite on gouverne à l'E. N. E. jusqu'à Calais : ces bancs se nomment le Calbort et la Varnesse.

N°. 71. — Pour entrer à Calais, on tient le clocher de la ville par la jetée du S. E, et on gouverne entre le fort Rouge et la jetée du S. E, laissant le fort Rouge à tribord, et la digue à babord.

N°. 72. — De Calais à Dunkerque la route est l'E. S. E. ; la distance est de 10 lieues. Pour faire le chenal on se tient par les 12 brasses, et on gouverne ainsi jusqu'à prendre connaissance des bouées. La première, qui est une bouée rouge, on la laisse à babord ; et la deuxième qui est une bouée noire, on la laisse aussi à babord, et on continue à l'E. S. E., laissant les bouées noires à babord et les blanches à tribord. Les dangers de Calais à Dunkerque sont les bancs de Gravelines et les braques de Dunkerque. Les marques pour entrer à Gravelines sont la pointe de Gravelines, par la pointe d'ouest ; tenant ces marques, on entre à Gravelines.

DEUXIÈME PARTIE.

GISEMENT DES CÔTES

DEPUIS BAYONNE JUSQU'A TOULON.

N°. 1. — Pour entrer au Saquoi, venant de large, il faut prendre une maison qu'il y a à St-Jean-de-Luz, qui ressemble à une église, par une

N°. 27. — Du Cap Palos au cap Saint-Martin, la distance est de 27 lieues; la route est le N. E. ¼ N. 4° N. du monde. On laisse Alicante sur babord : distance de 5 lieues, presque également éloigné des deux Caps; la distance du Cap Saint-Martin à Dénia est de 3 lieues.

N°. 28. — Du Cap Saint-Martin à l'embouchure de l'Ebre, la distance est de 42 lieues; la route est le N. N. E. ½ N. du monde. On laisse Valence à babord; distance de 13 lieues. Oropesa et Peniscola sont aussi sur la côte entre Valence et Tortose. Du Cap Saint-Martin à l'embouchure de l'Ebre, on laisse les îles Ivice, Fromentiero et plusieurs autres à tribord; sur quoi il est essentiel de remarquer que les îles Colombrettes sont sur la route qui conduit du Cap Saint-Martin à l'embouchure de l'Ebre.

N°. 29. — De l'embouchure de l'Ebre à Tarragone, la route est le N. N. E. ½ E. du monde; la distance est de 11 lieues.

N°. 30. — De l'embouchure de l'Ebre à Barcelone, la route est le N. E. ¼ E. du monde; la distance est de 25 lieues.

N°. 31. — De Barcelone à Palamos, la route est le N. E. ¼ E.; la distance est de 18 lieues.

N°. 32. — De Palamos au Cap de Creux, la distance est de 11 lieues; la route est le N. N. E. du monde. En sortant de Palamos, il faut se défier du Formigues et d'une petite île qui est à un mille de terre; enfin en approchant du Cap de Creux, il faut se défier d'une roche qui se trouve à une lieue au S. E. de la pointe la plus E.

N°. 33. — Du Cap de Creux à Collioure, la distance est de 6 lieues; la route est le N. O. du monde.

N°. 34. — De Collioure ou de Port-Vendre à Agde, la côte court Nord et Sud; la distance est de 18 lieues.

N°. 35. — De Agde à Montpellier, la côte court au N. E. ½ E.; la distance est de 10 lieues.

N°. 36. — De Montpellier aux Bouches-du-Rhône, la distance est de 15 lieues; la côte court à l'E. S. E. : il y a beaucoup de sinuosités.

N°. 37. — De l'embouchure du Rhône à Marseille, la distance est de 7 lieues; la côte court à l'E. du monde.

N°. 38. — De Marseille à Toulon, la distance est de 9 lieues; la côte court d'abord au S. du monde, distance de 3 lieues, pour parer une petite île, qui est au S. de Marseille : en gouvernant 11 lieues à l'E. S. E., on arrive sur la rade de Toulon.

www.ingramcontent.com/pod-product-compliance
Lightning Source LLC
Chambersburg PA
CBHW050404210326
41520CB00020B/6456